ENERGIETRÄGER

WASSER + SONNE

von Dipl.-Ing. Hartwig Kupfer

© Hartwig Kupfer
Im Stöck 9

76275 Ettlingen

Mailto: hartwig.kupfer@gmx.de

(Der Inhalt dieses Buches ist geistiges Eigentum u. urheberrechtlich geschützt!)

Titelbild auf dem Einband

Das Bild zeigt ein Wasserrad (Schöpfrad für die Wiesenbewässerung) bei Erlangen – Bruck

Inhaltsverzeichnis

Vorwort

I.) Rauschende Flüsse und plätschernde Bäche	- 1 -
II.) Von Sonne und Mond ausgelöste Gezeitenströmungen	- 3 -
III.) Nutzung der Sonnenenergie durch Kollektoren auf Dächern	- 6 -
IV.) Wasserzerlegung in Wasser- und Sauerstoff Wasserstoff speichert die Sonnenenergie	- 13 -
V.) Wüstenkraftwerke zur Wasserstoffgewinnung Pipeline nach Südeuropa durchs Mittelmeer	- 26 -
VI.) Resümee	- 29 -

Vorwort

Nach Erscheinen des Buches

‚SPANNUNGEN IM UNTERGRUND'

in dem gezeigt wird, wie Wasserkraft sich negativ für uns Menschen auswirken kann, wenn die Folgen unseres Handelns nicht ausreichend bedacht werden.

Im Folgenden sollen nun die Möglichkeiten dargestellt werden, den Segen des Wassers als ‚sauberen' Energieträger zu nutzen – ohne schädliche Auswirkungen auf unsere so schöne Umwelt. Der Mensch braucht aus der Erde keinen Lochkäse – so schrieb mir ein Geologieprofessor der Technischen Universität Karlsruhe - zu machen, um an genügend Energie zu gelangen (der Autor hatte sich in einem Zeitungsartikel zu den Problemen der Geothermie geäußert).

Wasser und Sonne stellen genügend umweltfreundliche Energie zur Verfügung, ohne das Gleichgewicht zwischen der Erdwärme und der von der Sonne erzeugten Strahlungswärme zu stören. Evtl. vorhandene bürokratische Hindernisse sollten zu diesem Zweck schnell beseitigt werden, hierbei denke ich an wasserrechtliche Genehmigungen.

Der Autor hat sich immer wieder mit Geothermie, Energieerzeugung durch Windräder, Stromerzeugung durch Atomkraftwerke und neuerdings wieder durch Kohlekraftwerke beschäftigt. Inzwischen kommt noch ‚Fracking' hinzu.

Alle vorgenannten Techniken sind gefährlich für Mensch und Tier oder überhaupt für unsere Natur.

Geothermie: Die Erdwärme kann nur mittels Bohrungen erschlossen werden. Diese Bohrungen in Verbindung mit Wasser haben schon oft erhebliche Schäden verursacht (Hebung von Staufen im Breisgau., Erderschütterungen bei Basel und Rastatt, Muldenbildung in Leonberg usw,).

Windräder: Außer, dass sie die Natur verschandeln und für Vögel zum Verhängnis werden können, wäre wohl kaum ein Nachteil zu finden. Es sei denn den Menschen stört der Schattenschlag und der Geräuschpegel, der entsteht, wenn der Wind sich in den Flügeln fängt und die dort erzeugten Sogkräfte abreißen. Nun hat die Energielobby einen neuen Weg eingeschlagen. Um den Widerständen der Bevölkerung auszuweichen, werden Offshore-Windanlagen an Nord- und Ostsee errichtet. Um den Strom ins Inland zu bringen, werden Stromtrassen gebraucht, die dann auch wieder die Natur ‚verschönern'. Elektrosmog begleitet diese Trassen, aber der ist überall, wo Elekrogeräte stehen und praktisch unvermeidbar. Er ist geräuschlos, geruchlos und unsichtbar, hat aber evtl. Auswirkungen auf Lebewesen.

Atomkraft: Diese wäre eigentlich sauber – wenn da nicht die Gefahr eines Super Gau's wäre. Ein solcher ist unvorhersehbar und hat schlimme Folgen. Die Erde wird infolge eines solchen für Jahre in dem Gebiet, wo er aufgetreten ist, unbewohnbar.

Kohlekraft: Unsauberer geht es nicht! Egal, was man mit dem Dreck, den diese ausspucken, macht, irgendwann gelangt er in die Atmosphäre und erhöht die Geschwindigkeit des Klimawandels. Weg damit!

Fracking: Neben der Gefahr, dass Erderschütterungen ausgelöst werden, ist hier noch die Gefahr geben, dass giftige Chemikalien, die zum Lösen des eingeschlossenen Öls oder Gases benötigt werden, unser Brauchwasser ungenießbar machen.

Der Energiebedarf der Menschheit ist natürlich groß. Aber ich meine, dass die benötigte Energie dort erzeugt werden sollte, wo sie gebraucht wird und nicht fernab von den Bedarfsstellen. Nutzen wir das, was im Überschuss vorhanden ist – besinnen wir uns auf Sonne und Wasser.

Zur Energieerzeugung gibt es Röhrenkollektoren zur Erwärmung von Wasser oder Photovoltaikkollektoren für die Stromerzeugung. Hier wird zur Gewinnung des handelsüblichen Wechselstroms von 230 Volt ein Wechselrichter für Photovoltaikanlagen gebraucht, denn die Solarmodule liefern nur Gleichstrom. Mit dem Gleichstrom ließe sich allerdings Wasser in Wasserstoff und Sauerstoff direkt zerlegen. Wasserstoff wäre dann ein sauberer Energieträger, der sich bei seiner Nutzung wieder in Wasser verwandelt – also die Natur in keiner Weise belastet.

Aus dem Internet:

Wasserspaltung mit Sonnenlicht

Ein neu entwickelter Katalysator kann mit sichtbarem Licht Wasser in Wasserstoff und Sauerstoff zerlegen – ähnlich wie Pflanzen dies mit der Photosynthese tun.

I.) Rauschende Flüsse und plätschernde Bäche

Viel Energie in Form von Wasser in Flüssen und Bächen landet ungenutzt schließlich in Meeren.

Wie das Titelbild zeigt, kann fließendes Wasser genutzt werden, um eine ‚Turbine' in eine Drehbewegung zu versetzen. Mit dieser Rotierung kann ein Generator angetrieben werden.

Ein Generator ist aber nichts anderes als ein Motor, der anstatt Strom zu verbrauchen, durch ein rotierendes Magnetfeld Strom erzeugt.

Auf einer feststehenden Achse befinden sich Wicklungen aus einem Strom leitenden Medium.
Das Wasserrad hat ein Magnetfeld, das sich um die Wicklungen - durch Wasserkraft angetrieben – dreht. So entsteht eine elektrische Maschine, die Windrädern gleich, Strom erzeugt. Das ganze ist ein sogenannter Außenläufer mit der Wicklung als Stator und dem Magnete tragenden Wasserrad als Rotor.

Wichtig ist zunächst, dass der Rotor möglichst leicht läufig auf der feststehenden Achse mit den Wicklungen gelagert ist (z.B. Xirox - Kugellager). 2 Edelstahlscheiben verbunden durch die Schaufeln und einem Magnete tragenden Zylinder, versehen mit Kugellagern sind die Kernstücke des unterschlächtigen Wasserrades. Dieser so geschaffene Generator arbeitet rund um die Uhr und erzeugt Strom.

Da sich die Drehgeschwindigkeit mit dem Wasserstand ändert, muss die Umdrehungszahl mit einer Fliehkraftbremse geregelt werden.

Zur Konstruktion sei noch gesagt, dass das Ganze im Flussbett verankert werden muss.

Auch muss über Schwimmkörper der unterschiedliche Wasserstand berücksichtigt werden. Der Generator muss bei Hochwasser sich in seiner Höhenlage verschieben können. (Einzelheiten hierzu können bei Bedarf beim Autor eingeholt werden.)

Nun - wenn die Apparatur im Fluss (Bach) eingebaut ist – kann ohne weitere Zusatzkosten der Strom gewonnen werden (evtl. Wartungskosten können natürlich anfallen).

Welche Vorteile bringt dieses System der Stromerzeugung gegenüber den Offshore Windparks?

Es werden keine Überlandstromtrassen benötigt, da der Strom dort erzeugt wird, wo er gebraucht wird.

Die Erzeugung des Stroms ist zu jeder Zeit gewährleistet, es sei denn, ein Fluss (Bach) fiele trocken.

Bei Bächen und kleinen Flüssen sind zusätzliche Einbauten im Bach- bzw. Flussbett erforderlich, um eine ausreichende Fließgeschwindigkeit auch bei niedrigem Wasserstand zu gewährleisten. Aber das sind geringe Einmalkosten.

Diese Wasserräder verursachen im Gegensatz zu Windrädern kaum Geräusche, Vogelschlag ist ausgeschlossen und sie stören die Landschaft nicht. Das Anlegen von Fischtreppen ist nicht erforderlich und dass Fische in Turbinen zu Schaden kommen, ist ausgeschlossen.

II.) Von Sonne und Mond ausgelöste Gezeitenströmungen

Im Internet findet man unter folgendem URL Beispiele, wie Gezeitenströmungen (und Wellenbewegungen) für die Stromgewinnung nutzbar gemacht werden können:

Meereskraftwerke » SCHWARMKRAFT

Auszug aus dem vorgenannten URL

Anfang **2010** meldet die Presse, dass die Partner **Voith Hydro** und **RWE Innogy** bis Ende des Jahres einen Prototypen für ein Strömungskraftwerk präsentieren wollen, das an Kufen auf den Meeresboden hinabgelassen wird.

Die Flügel des Prototyps ähneln dem Propeller eines Motorbootes und sind symmetrisch designt, womit sie bei kommendem und abfließendem Wasser nicht jeweils neu ausgerichtet werden müssen.

Das Bild zeigt einen Innenläufer.

Wenn man das Ganze zu einem Außenläufer umgestaltet, sieht dieser wie folgt aus: Um eine feste Achse mit den Wicklungen bewegt sich ein kugel-gelagerter Rotor mit Dauermagneten. Der Rotor trägt Flügel entsprechend voriger Beschreibung und
bildet gleichzeitig das Gehäuse des Generators. Jener funktioniert nun so, wie der in I.) beschriebene Wasserradgenerator, wobei lediglich entsprechend der Strömungsrichtung des Meeres eine Umkehr der Drehrichtung stattfindet. Schaut man in Richtung der Strömung, so findet i. A. eine Drehung im Uhrzeigersinn statt. Schwimmkörper usw. entfallen natürlich.

Da die Gezeitenströmungen keine konstante Strömungsgeschwindigkeit besitzen, ist auch hier eine Fliehkraftbremse erforderlich. Zum Zeitpunkt der Änderung der Strömungsrichtung kommt der Generator bestimmt zum Stillstand, es sei denn, dass Unterströmungen ihn in Bewegung halten.

Werden solche Stromerzeuger bei Windkraftanlagen zusätzlich installiert, so können die sowieso vorhandenen Stromtrassen direkt mitgenutzt werden.

Das dem Internet entnommene Bild auf der nächs-ten Seite, zeigt, dass ein Windrad weitaus komplizierter aufgebaut ist. Es ist zu finden unter:

Welt der Physik:
Technische Grundlagen für Windkraftanlagen

Die einzelnen Windräder müssen soweit von einander entfernt sein, dass sie keine gegenseitigen Störungen erleiden (Verwirbelungen).

Letzteres gilt auch für Gezeitengeneratoren.

Technik Windrad

- Registrierung von Windrichtung und Windgeschwindigkeit
- Regler
- Generator
- Getriebe
- Drehmöglichkeit
- Rotor
- Wind
- Bremse
- Rotorblatt
- Nachführeinrichtung

www.weltderphysik.de

III.) Nutzung der Sonnenenergie durch Kollektoren auf Dächern

Solarenergie

Im Gegensatz zu herkömmlichen Brennstoffen wird die solare Wärmegewinnung von Jahr zu Jahr günstiger.
Dazu kommt, dass die fossilen Brennstoff-Ressourcen unter der Erde früher oder später aufgebraucht sein werden - gefragt sind neue, nachhaltige Wege der Energiegewinnung. Solarthermie ist zukunftssicher und macht unabhängig von hohen Energiepreisen.

Die Solarenergie - Ein Energieträger mit vielen Vorteilen

Sonnenenergie ist nachhaltig und kostenlos

Investitionen in eine Solaranlage amortisieren sich nach wenigen Jahren

Unabhängigkeit von steigenden Energiepreisen

Werterhöhung einer Immobilie

Mit der Energiegewinnung aus der Sonne wählt man eine umweltschonende und zukunftsweisende Energiequelle.

Das folgende Bild zeigt den Aufbau eines CPC-Vakuumröhrenkollektors

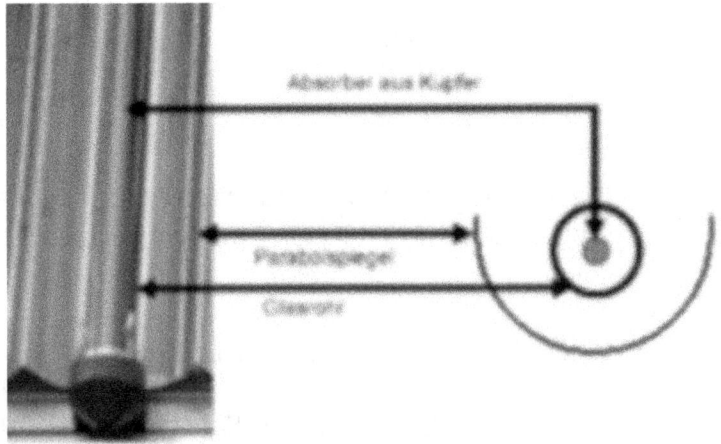

Der Absorber sitzt im Brennpunkt des Parabolspiegels und ist mit einer frostsicheren Wärmeträgerflüssigkeit (z.B. CORACON WT 6N) gefüllt. Zur besseren Energieausbeute sollte der Parabolspiegel dem Sonnenstand entsprechend um seine Längsachse auszurichten sein. Wie die Sonnenstrahlen in Bezug auf den Sonnenstand und der Spiegelachse einfallen ist nicht so relevant, denn der Parabolspiegel leitet die parallel einfallenden Sonnenstrahlen stets zum Brennpunkt.

Dem Autor schwebt vor, die Kollektoren direkt als Dachhaut (anstelle von Ziegeln) zu verwenden. Die in obigen Bild erkennbare untere Platte müsste so-mit die Dachhaut ersetzen und für Wasserdichtigkeit sorgen.

Diese Kollektoren dienen der Brauchwassererwärmung und zum Vorwärmen des Heizkreislaufes.

Damit ist das Kapitel Röhrenkollektoren ausrei-chend beschrieben. Wie diese an das Heizungssys-tem bzw. zur Warmwasserbereitung anzuschließen sind, soll hier nicht behandelt werden.

Die Solarenergie zur Stromerzeugung (Photovoltaik). Die folgenden Kapitel wurden Wikipedia entnommen!

Unter Photovoltaik versteht man die direkte Umwandlung von Lichtenergie, meist aus Sonnenlicht, in elektrische Energie mittels Solarzellen. Seit 1958 wird sie in der Raumfahrt genutzt („Sonnensegel").

Inzwischen wird sie überwiegend auf der Erde zur Stromerzeugung eingesetzt und findet unter Anderem Anwendung auf Dachflächen, bei Parkscheinautomaten, in Taschenrechnern, an Schallschutzwänden und auf Freiflächen.

Der Begriff leitet sich aus dem griechischen Wort für „Licht" sowie aus der Einheit für die elektrische, Spannung dem Volt (nach Alessandro Volta) ab. Die Photovoltaik ist ein Teilbereich der Solartechnik, die weitere technische Nutzungen der Sonnenenergie einschließt. Ende 2013 waren weltweit mehr als 134 GWp Nennleistung installiert, die mit rund 160 TWh jährlicher Produktion 0,85 % des weltwei-ten Strombedarfs decken könnten. In Europa deckte die Photovoltaik 3 % des gesamten Strombedarfes bzw. 6 % des Spitzenlastbedarfes. Spitzenreiter war Italien mit einem Anteil von 7,8 % am Stromverbrauch.

Die Nennleistung von Photovoltaikanlagen wird häufig in der Schreibweise W_p (Watt Peak) oder kW_p angegeben und bezieht sich auf die Leistung bei Testbedingungen, die in etwa der maximalen Sonneneinstrahlung in Deutschland entsprechen. Die Testbedingungen dienen zur Normierung und zum Vergleich verschiedener Solarmodule. Die elektrischen Werte der Bauteile werden in Datenblättern angegeben. Es wird bei 25 °C Modultemperatur, 1000 W/m² Bestrahlungsstärke und einer Luftmasse (abgekürzt AM) von 1,5 gemessen.

Diese Standard-Testbedingungen (meist abgekürzt STC, engl. *standard test conditions*) wurden als internationaler Standard festgelegt. Können diese Bedingungen beim Testen nicht eingehalten werden, so muss aus den gegebenen Testbedingungen die Nennleistung rechnerisch ermittelt werden.

Ausschlaggebend für die Dimensionierung und die Amortisation einer Photovoltaikanlage ist neben der Spitzenleistung vor allem der Jahresertrag, also die gewonnene Strommenge. Die Strahlungsenergie schwankt tages-, jahreszeitlich und wetterbedingt. So kann eine Solaranlage in Deutschland im Juli einen gegenüber dem Dezember bis zu fünfmal hö-heren Ertrag aufweisen.

Der Ertrag pro Jahr wird in Wattstunden (Wh) oder Kilowattstunden (kWh) gemessen. Standort, Ausrichtung der Module und Verschattungen haben wesentlichen Einfluss auf den Ertrag, wobei in Deutschland Dachneigungen um 30° den höchsten Ertrag liefern. Der spezifische Ertrag ist als die Wattstunden pro installierter Nennleistung (Wh/W_p bzw. kWh/kW_p) pro Zeitabschnitt definiert und erlaubt den einfachen Vergleich von Anlagen unterschiedlicher Größe.

Bei den Montagesystemen wird zwischen Aufdach- und Indach-Systemen unterschieden. Bei einem Aufdach-System für geneigte Hausdächer wird die Photovoltaik-Anlage mit Hilfe eines Montagegestells auf dem Dach befestigt. Diese Art der Montage wird am häufigsten gewählt, da sie für bestehende Dächer am einfachsten umsetzbar ist.

Bei einem Indach-System ist eine Photovoltaik-Anlage in die Dachhaut integriert und übernimmt deren Funktionen wie Dachdichtigkeit und Wetterschutz mit.

Die Aufdach-Montage eignet sich neben Ziegeldächern auch für Blechdächer, Schieferdächer oder Wellplatten. Ist die Dachneigung zu flach, können spezielle Haken diese bis zu einem gewissen Grad ausgleichen. Die Installation eines Aufdach-Systems ist in der Regel einfacher und preisgünstiger als die eines Indach-Systems. Ein Aufdach-System sorgt zudem für eine ausreichende Hinterlüftung der Solarmodule. Die notwendigen Befestigungsmate-rialien müssen witterungsbeständig sein.

Das Indach-System eignet sich bei Dachsanierungen und Neubauten, ist jedoch nicht bei allen Dächern möglich. Ziegeldächer erlauben die Indach-Mon-tage, Blechdächer oder Bitumendächer nicht. Auch die Form des Dachs ist maßgebend. Die Indach-Montage ist nur für ausreichend große Schrägdächer mit günstiger Ausrichtung zur Sonnenbahn geeignet. Generell setzen Indach-Systeme größere Neigungswinkel voraus als Aufdach-Systeme, um einen ausreichenden Regenwasserabfluss zu ermöglichen. Indach-Systeme bilden mit der übrigen Dacheindeckung eine geschlossene Oberfläche und sind daher aus ästhetischer Sicht attraktiver. Zudem weist ein Indach-System eine höhere mechanische Stabilität gegenüber Schnee- und Windlasten auf. Die Küh-lung der Module ist jedoch weniger effizient als beim Aufdach-System, was die Leistung und den Ertrag etwas verkleinert. Eine um 1 ° höhere Tem-peratur reduziert die Modulleistung um ca. 0,5%.

Das auf der Folgeseite gezeigte Bild stellt den normalen Aufbau eines Ziegeldaches mit Zwischensparrendämmung dar. Selbstverständlich kann – falls erforderlich – zusätzlich eine Aufsparrendämmung unter der Unterdeckbahn (z.B. Gitterfolie) vorgesehen werden. Photovoltaikkollektoren können die Ziegel ersetzen. Bei Neubauten ist es denn möglich, die Sparrenabstände entsprechend der Kollektorbreite zu wählen. Lattung und Konterlattung sind zu ersetzen (Kanthölzer 8 x Sparrenbreite [cm] je Sparren). Die Kühlung der Module muss ausrei-chend gewährleistet sein!

Zwischensparrendämmung Dach

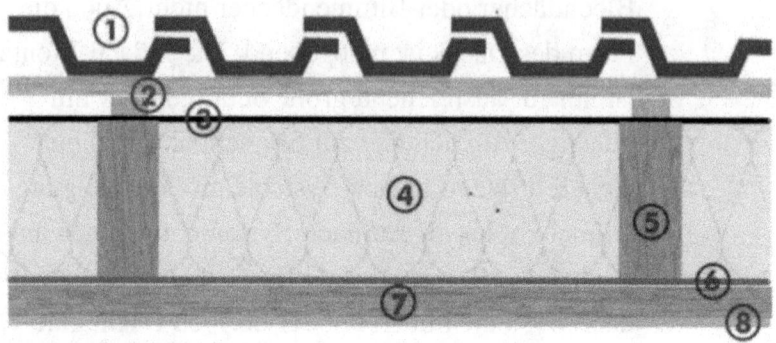

1 = Dacheindeckung
2 = Lattung mit Konter
3 = Unterdeckbahn
4 = Dämmung
5 = Dachsparren
6 = Dampfbremse
7 = Kantholz / inst. Ebene
8 = Gipskarton o.ä.
9 =
10 =

Der URL zu diesem Bild lautet:

hausdaemmung.info/zwischensparrendaemmung-anleitung-zum-aufbau.php

Eine Solarzelle hat nach Wikipedia die Abmessungen 156 mm x 156 mm und liefert eine Spannung von rund 0.5 Volt. Auf einen Quadratmeter Dachfläche passen also 41 dieser Solarzellen. Werden diese in Reihe geschaltet, so erhält man rund 20 V. Damit die handelsübliche Spannung von 230 V ~Strom erzeugt wird, braucht man somit ~ 12 qm Dachfläche Bosch-Module haben ca. 1.60 qm und erzeugen ~ 31 Volt Nennspannung – d. h. es werden 8 in Reihe geschaltete Module benötigt, um auf gut 230 Volt zu kommen. Ein Wechselrichter ist zusätzlich erforderlich und ggf. eine Umspannung.

IV.) Wasserzerlegung in Wasser- und Sauerstoff
Wasserstoff speichert die Sonnenenergie

Im vorigem Kapitel wurde gesagt, dass durch Photovoltaik elektrischer Gleichstrom erzeugt werden kann. In diesem Kapitel soll nun gezeigt werden, wie diese aus Sonnenlicht gewonnene Energie gespeichert werden kann.

Dies geht, indem man Wasser (H_2O) mittels Elektrolyse in seine Bestandteile Wasser- und Sauerstoff zerlegt. Im Moment sind, wie im Vorwort schon kurz angedeutet, Forscher des Fraunhofer Instituts dabei, auszukundschaften, wie dies mit weniger Energieaufwand zu erreichen ist. Sie nehmen sich dabei die Natur zu Hilfe und versuchen dies analog einer Photosynthese unter Verwendung eines Katalysators zu erreichen.

Gelingt letzteres, so hätte man einen wirtschaftli-chen – wenn auch hoch explosiven – Energieträger.
Bei der Verbrennung entsteht nur wieder Wasser! Also entsteht keine Umweltbelastung, wie es leider sonst bei allen Kohlenstoff enthaltenden Fest- oder gasförmigen Stoffen der Fall ist, womit unsere Umwelt und damit unser Klima beeinflusst wird. Da es schon Autos gibt, die mit einer Brennstoffzelle betrieben werden, werden wir in Zukunft wohl nicht in einer Nebeldunstglocke fahren, auch wenn viele Kraftfahrzeuge mit dieser umweltfreundlichen Technik unterwegs sind - ganz ohne Smog!

Zum Verständnis: Eine Brennstoffzelle ist eine Maschine, die – in unserem Fall Wasserstoff nutzt – um elektrische Energie zu erzeugen. Mit dieser wird wieder ein Elektromotor angetrieben, der das Fahrzeug dann bewegt. So lassen sich auch alle anderen Maschinen betreiben. Ein solcher Strom kann eben-so in Kraftwerken erzeugt werden, und über das bestehende Elektronetz an die Bedarfsstellen geliefert werden. Eine Knallgasexplosion – wenn sie denn passierte – würde zumindest keine radioaktive Verseuchung auslösen.

Die Energielobbyisten sollten sich zusammen tun und alle nur möglichen Flächen (Dachflächen) nutzen, um kostenlose Sonnenenergie einzufangen. Die Nutzung von Bodenflächen – außer in der Wüste – ist bedenklich und sollte ausgeschlossen werden!

Elektroautos? Ja bitte! Vielleicht wird es irgendwann soweit sein, das leistungsstarke kleine Batterien an Tankstellen – anstatt Diesel oder Benzin – gekauft werden können und einfach anzuschließen sind, denn stundenlanges Warten – irgendwo – bis eine große Zebra-Batterie (Gewicht >195 kg) aufgeladen ist, ist ja wohl unzumutbar.

Nachfolgend ein Beispiel:

Lt. Wikipedia (Stand 2013):

Der Renault Zoe mit einer Reichweite von 210 km braucht zum Aufladen des Akkus eine Standzeit von $7\,^1/_2$ Stunden. Seine Spitzengeschwindigkeit liegt bei $140\,^{km}/_h$, letzteres ist wohl akzeptabel – aber die Reichweite sollte bei Bedarf durch eine zuschaltbare Brennstoffzelle vergrößert werden können.

Der folgende Artikel aus dem Internet sagt das, was möglich wäre:

Heizung: Brennstoffzelle versorgt Eigenheim

Sie haben schon Apollo-Astronauten zum Mond begleitet, treiben U-Boote an und versorgen Handys mit Zusatzstrom: Brennstoffzellen haben sich als Energiequellen für besondere Missionen einen Namen gemacht. Die Hightech Energiewandler verschmelzen Wasserstoff und Sauerstoff aus der Luft zu schlichtem Wasser. Dabei entsteht neben Strom auch Wärme, die sich zum Heizen und zur Warmwasserbereitung nutzen lässt.
Da nimmt es Wunder, dass Brennstoffzellen nicht längst alltäglich zur Energieversorgung im Eigenheim benutzt werden. Mit einem Wirkungsgrad von bis zu 95 Prozent wären Brennstoffzellen-Heizgeräte eigentlich die ideale Lösung, wenn der alte Kessel den Geist aufgibt. Denn außer Wärme liefern sie Strom und sind umweltverträglicher als alle anderen Heimanlagen: Der Wasserstoff wird in einem sogenannten Reformer aus Erd- oder Biogas gewonnen, und dadurch sinken die Kohlendioxidemissionen, verglichen mit einem herkömmlichen Kessel, um bis zu 50 Prozent (was aber immer noch eine vermeidbare Umweltbelastung darstellt – Anmerkung des Autors).

Trotzdem tun sich Hersteller und Energieversorger schwer, Brennstoffzellen-Heizungen an den Mann zu bringen. Das Problem: Wenn weder Heizwärme noch warmes Wasser benötigt werden, liefern Brennstoffzellen auch keinen Strom – es sei denn, die Wärme wird einfach an die Umwelt abgegeben. Im Sommer müssten die Besitzer der Anlagen also einen Energieverlust in Kauf nehmen. An Wintertagen mit strengem Frost wiederum reicht die Leistung der Brennstoffzellen nicht aus, um die Wohnung zu erwärmen. Dann muss ein zusätzliches Heizgerät die Energielücke schließen – ein zusätzlicher Kostenfaktor.

Auch der folgende Abschnitt wurde im Internet unter: www.hydrogeit.de gefunden.

‚Die Sonne spendet unserem Globus Tag für Tag die zehntausendfache Menge des Energiebedarfs der gesamten Erdbevölkerung. Daraus resultiert das erste Konzept von einer "solaren Wasserstoffwirtschaft", das bereits in den fünfziger Jahren entwickelt wurde. Hinter diesem Begriff verbirgt sich die Idee, dass mit Hilfe der Sonnenenergie Wasser in Wasserstoff und Sauerstoff gespalten werden kann. Der Wasserstoff selber dient lediglich als Energiespeicher, um Energie zu transportieren. An anderer Stelle kann der Prozess z.B. in einer Brennstoffzelle wieder umgekehrt werden. Die Sonnenenergie kann über Photovoltaik zuerst in Strom umgewandelt werden, damit dann diese elektrische Energie genutzt werden kann, um durch Elektrolyse Wasserstoff zu erzeugen.

Heutzutage gibt es bereits Solaranlagen, die auf direktem Weg Wasserstoff erzeugen können. In diesem Fall wird die Sonnenenergie derart stark gebündelt, dass ausreichend hohe Temperaturen erreicht werden, um Wasser zu spalten. In diesem Fall würde ein Umwandlungsschritt wegfallen, wodurch der Wirkungsgrad steigt.

Zur Erzeugung von Wasserstoff ist relativ viel Energie notwendig, da dieses Element eine hohe

Bindungsenergie besitzt. Die Sauerstoffatome sind nur sehr schwer von den Wasserstoffatomen zu trennen. Deswegen kommt Wasserstoff in der Natur so gut wie nie allein vor, da sich das H_2-Molekül immer ein Sauerstoffatom sucht und zu Wasser reagiert (oxidiert). Würde man für diesen Vorgang Energie benutzen, die aus Primärenergieträgern erzeugt worden ist, wäre dies langfristig betrachtet nicht sinnvoll. Es ist ökologisch betrachtet unsinnig, Kohle zur Energiegewinnung unter Schadstoff-Ausstoß zu verbrennen, um mit der daraus gewonnenen Energie Wasser aufspalten zu können, damit dann Wasserstoff als "schadstofffreier Energieträger" genutzt werden kann. Mit Hilfe der Sonnen- oder Windenergie stünde jedoch ein nahezu schadstofffreies Verfahren zur Verfügung.'

Es ist eigentlich nicht nachvollziehbar, weshalb die bei der Oxidation von Wasserstoff entstehende Wärme nicht ausreichen soll, um in strengen Wintern ein Haus zu beheizen, kann man mit der Flamme doch Eisenteile mit der autogenen Schweißtechnik verbinden.

Auch die folgende Beschreibung einer Brenstoffzelle wurde dem Internet entnommen!

Brennstoffzellen für Anfänger   von
Prof. Blumes

Eine Brennstoffzelle ist eine Vorrichtung, um Energie, die bei klassischen Verbrennungen frei wird, möglichst verlustfrei in elektrische Energie umzuwandeln. **Typische Brennstoffe** für die Brennstoffzelle sind Wasserstoff, Erdgas, Biogas, aber auch Benzin oder Methanol.

Die Brennstoffzelle sieht aus **wie eine elektrische Batterie** und ist letztlich auch so aufgebaut. Da gibt es zwei Elektroden oder Pole, dazwischen befindet sich ein trennendes Medium, eine Membran. Die verhindert, dass sich Brennstoff und Sauerstoff treffen.

An den Elektroden läuft die "Verbrennungsreaktion" ab.

Warum bilden sich aber fast überhaupt keine typischen Anzeichen von Verbrennung, nämlich Feuer und Wärme?
Bei normalen **Verbrennungen** reagiert ein Brennstoff mit dem Sauerstoff der Atmosphäre, und dabei wird viel Energie frei: Es wird warm, das heißt, es entsteht Wärme. Ein Teil dieser Energie bringt die Verbrennungsgase zum Leuchten - das ist die Flamme. Solch einen Vorgang nennen wir Oxidation.

Natürlich läuft in der Brennstoffzelle **keine reguläre Verbrennung mit Feuer-Erschei-nung** ab. Man kann nämlich den Brennstoff - statt ihn anzuzünden - auf andere Art und Weise dazu bringen, mit Sauerstoff zu reagieren.

Um das zu erklären, müssen wir etwas ausholen:

Bei einer Verbrennung (Oxidation) springen Elektronen von den Brennstoffmolekülen zu den Sauerstoffmolekülen. Es werden dabei neue chemische Bindungen geknüpft. Aus dem Brennstoff Wasserstoff und dem Sauerstoff wird so Wasser.

Wenn man jedoch Brennstoffe mit Sauerstoff mischt, passiert zunächst gar nichts. Man kann die Mischung aber mit einer **gespannten Feder** vergleichen, die auf Entladung wartet. Bei einer normalen Verbrennung müssen wir das Gemisch mit einem Streichholz anzünden.

In der Brennstoffzelle übernehmen **Katalysatoren** die Rolle des Streichholzes. Das sind Stoffe, die eine auf "Entspannung" wartende chemische Reaktion einleiten, ohne selbst verbraucht zu werden.
Diese Katalysatoren sind ein wichtiges konstruktives Element der Brennstoffzellen. Sie bestehen im Allgemeinen aus Edelmetall und sind im Elektrodenmaterial enthalten.

Wie wirken die Katalysatoren der Brennstoffzelle? Sie greifen sich an einer Elektrode vom Brennstoff Elektronen. Diese wandern durch den Verbraucher zur anderen Elektrode und leisten dabei Arbeit - treiben zum Beispiel einen Elektromotor an oder bringen eine Lampe zum Leuchten. An der anderen Elektrode übertragen die Katalysatoren die Elektronen des Brennstoffs auf den Sauerstoff. Im Raum zwischen den Elektroden bildet sich als Reaktionsprodukt Wasser. Damit sollte die chemische Feder eigentlich entspannt sein. Da aber immer wieder neues Gemisch aus Brennstoff und Sauerstoff nachgeliefert wird, bleibt die Spannung auf hohem Niveau erhalten, und die Brennstoffzelle läuft und läuft und läuft...!

Und das alles passiert, ohne dass es zu einer hitzigen Feuererscheinung kommt.

Man muss sich klar machen: So eine Brennstoffzelle ist ein **technisches Wunder**.

Ihr Energieausstoß jedoch ist leider recht gering. Sie liefert nur eine Spannung um 0,8 Volt. Deshalb besteht eine technisch genutzte **Brennstoff-zellenbatterie** aus vielen Hundert hintereinander geschalteten Einzelzellen - diese Anordnung nennt man **Stapel** oder *neudeutsch* "stack". Zur Erhöhung der Stromausbeute wird die Fläche der Elektroden groß gemacht.

(Ist so ein Stapel für die praktische Nutzung nicht zu dick? Nein: Die Dicke einer einzelnen Brennstoffzelle beträgt nur 1 mm oder sogar noch weniger. Das reicht für den Betrieb eines Hörgeräts. Für den Antrieb eines Autos ist der gesamte Stack so groß wie ein, zwei Schuhkartons für Leute mit der Schuhgröße 52.)

Mit dem seriellen Stack-Prinzip erhält man nicht nur einen höheren elektrischen Spannungswert, sondern erhöht durch die großflächigen Elektroden auch die Ausbeute an elektrischer Energie.

Eine Einschränkung gibt es: Es wird nicht alle verfügbare Verbrennungsenergie in elektrische Energie umgewandelt. Es entsteht nebenbei etwas Abfallenergie, Wärme. Techniker sagen:
Der **Wirkungsgrad** der Brennstoffzelle ist niedriger als 100 Prozent. Mit der **Restwärme** der Brennstoffzelle jedoch können wir nicht nur ein Haus beleuchten, sondern es auch heizen.

Die Vorteile der Brennstoffzelle sind:

1. Ein **hoher Wirkungsgrad** - verglichen mit herkömmlicher Energieumwandlung.
2. Als Reaktionsprodukt bildet sich **nur Wasser** (bei Brennstoffen wie Ethanol auch Kohlendioxid).
3. Es entstehen **keine atmosphärischen Schadstoffe** wie die Stickoxide oder Schwefeldioxid. Die bilden sich nur bei echtem, heißem Feuer.
4. Deutlich wird der Vorteil der Brennstoffzelle auch beim **Vergleich mit einer herkömmlichen Batterie oder einem Akkumulator**: Die Batterien verbrauchen sich selbst. Deshalb hat man ökologisch bedenklichen Abfall. Akkus muss man ständig aufladen. Das bedeutet eine Unterbrechung im Betrieb.

Die Brennstoffzelle dagegen kann **kontinuierlich gefahren** werden; der Brennstoff wird eingeblasen oder eingespritzt, ebenso die sauerstoffhaltige Luft. Die Verbrennungsprodukte sind Wasserdampf und Kohlendioxid; sie sind ebenfalls gasförmig und werden mit der strömenden Luft ausgespült. So kann eine Brennstoffzelle jahrelang laufen, ohne dass man den Betrieb unterbrechen muss.

Anwendungen finden die Brennstoffzellen mittlerweile überall, wo man elektrische Energie benötigt. Man baut sie für den Megawattbe-reich, aber auch für den Einsatz in Mikrogerä-ten.

Hier zwei Beispiele:

- In **Bielefeld** gab es eine Experimental-Brennstoffzelle, die einen Teil der Energie für die Universität geliefert hat. (Sie wird gerade überholt, da es Korrosionsprobleme gibt.)
- Man baut Brennstoffzellen auch in **Handys** oder Hörgeräte oder Armbanduhren ein. Sie werden nachgefüllt wie ein Füller - allerdings nicht mit Tintenpatronen, sondern mit Methanolpatronen.

Man kann mit Brennstoffzellen bereits auch **Autos** antreiben. Hier wird ganz besonders der Vorteil der Brennstoffzellen deutlich: Sie haben ein **enormes Anzugsmoment**, sind also für Ampelschnellstarter mit qualmenden Reifen ein Traum.

Dass die Brennstoffzellen dennoch auf so **geringe Akzeptanz** stoßen, liegt wohl auch daran, dass die Leute an die früheren, lahmen Elektroautos erinnert werden.

Dennoch sei vor Euphorie gewarnt: Es gibt noch gewaltige Probleme, die momentan die allgemeine Einführung von Brennstoffzellen behindern - vor allem, was die Konstruktion der Katalysatoren betrifft. **Denn der Teufel steckt im Detail.**

Soweit also vorige 3 Artikel!

Es folgt ein weiterer Artikel aus dem Internet:

INFO „BRENNSTOFFZELLE"

In einer Brennstoffzelle entsteht durch die Reaktion von Sauerstoff und Wasserstoff (H2) Strom. Das einzige Abfallprodukt dieser Reaktion ist Wasserdampf.

In Brennstoffzellenfahrzeugen, wie sie derzeit von mehreren Autoherstellern getestet werden, sorgt ein Elektromotor für Vortrieb. Der für den Betrieb des E-Motors benötigte Strom kann dank der Brennstoffzelle an Bord erzeugt werden, es bedarf also keiner Ladestationen. Dadurch soll die Reichweite an die von aktuellen Benzinmotoren heranreichen.

Brennstoffzellen-Autos eignen sich daher im Gegensatz zu reinen Elektroautos auch für Langstrecken, sofern ausreichend Wasserstoff an Bord ist. Genau hier liegt jedoch der Nachteil der Brennstoffzellentechnik: Denn das Speichern von Wasserstoff im Auto ist derzeit noch mit erheblichem Aufwand verbunden. Außerdem ist das Wasserstoff-Tankstellennetz in Deutschland mit rund 21 Tankstellen äußerst dünn.

Der folgende Artikel wurde einem Beitrag der
EnergieAgentur.NRW entnommen und erklärt die
Wirkungsweise einer Brennstoffzelle sehr anschau-
lich.

Aufbau der Brennstoffzelle

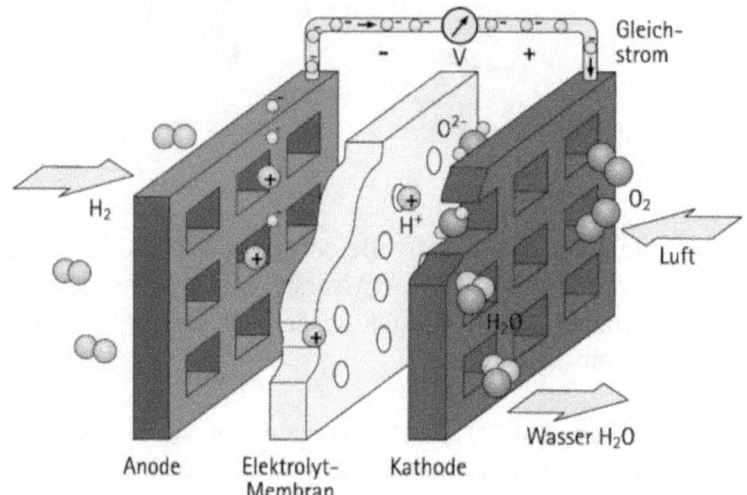

Im wesentlichen besteht die Brennstoffzelle aus zwei
Elektroden, der Anode und der Kathode, und einem
Elektrolyten, der die beiden Elektroden und auch die
zuzuführenden Gase trennt. Der elektrochemische
Prozess verläuft prinzipiell in umgekehrter
Reihenfolge wie die Elektrolyse. Der Brennstoff
Wasserstoff wird kontinuierlich der Anode zugeführt,
wo er in Anwesenheit eines Katalysators in
Elektronen und Ionen zerlegt wird. Bei niedrigen
Temperaturen können dies in sauren Elektrolyten
Protonen sein; in alkalischen Elektrolyten sind es
vorwiegend Hydroxylionen. Die Ionen werden durch
den Elektrolyten zur Kathode transportiert.

Bedingt durch die Potenzialdifferenz zwischen Brenngas- und Sauerstoffelektrode fließen die Elektronen über den externen Stromkreis (Elektrischer Verbraucher) zur Kathode und verrichten elektrische Arbeit. An der Kathode verbinden sich die Ionen und Elektronen mit dem der Kathode zugeführten Sauerstoff zu Wasser, das als Wasserdampf abgeführt wird.

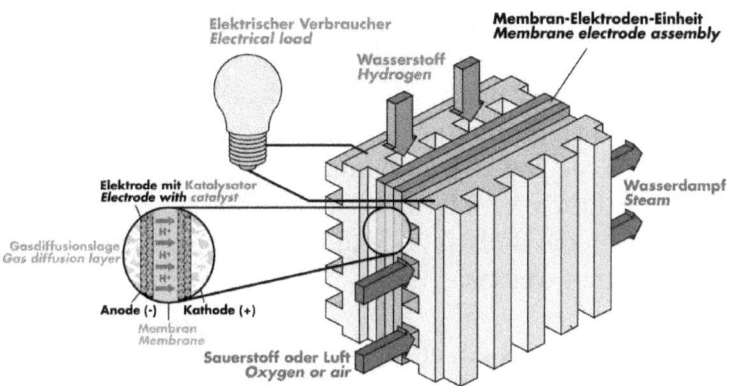

In einem höheren Temperaturbereich, bei den sogenannten Hochtemperaturzellen, die zwischen 600 °C und 1000 °C betrieben werden, wird die ionische Leitung entweder durch die negativ geladenen Karbonationen ($CO3^{2-}$) oder Oxidionen O^{2-} vermittelt

In der Einzelzelle wird im Betrieb eine Spannung von nur etwa 0,7 Volt gemessen, so dass für eine höhere nutzbare Spannung mehrere Brennstoffzellen zu einem Stapel (Stack) in Reihe geschaltet werden. Der von der Brennstoffzelle erzeugte Gleichstrom wird durch einen Wechselrichter in Wechselstrom umgewandelt. Die Abwärme der Brennstoffzelle wird über einen Kühlkreislauf ausgekoppelt und kann zu Heizzwecken abgegeben werden.

V.) Wüstenkraftwerke zur Wasserstoffgewinnung Pipeline nach Südeuropa durchs Mittelmeer

Zunächst sei gesagt, dass es verschiedene Möglichkeiten gibt, die Sonnenenergie in der Wüste zu nutzen.

Es kann Wasserdampf erzeugt werden, der Dampfturbinen antreibt und mit diesen Generatoren zur Stromgewinnung. Durch Speicherung der Dampfes in großen Druckkesseln. Das heiße Wasser bleibt, wenn es unter hohem Druck steht, flüssig und kann auch nachts zur Stromerzeugung abgerufen werden. Eine gute Wärmedämmung der Druckkessel ist natürlich erforderlich! Der so erzeugte Strom muss an die Bedarfsstelle durch Stromleitungen transportiert werden.

Letzteres gilt auch für Strom, der mittels Photovoltaik gewonnen wurde. Vorteil dieser Methode ist, dass kein Wasser an die Produktionsstätte gebracht werden muss. Ein großer Nachteil ist, dass der Strom nur während der Sonnenscheindauer erzeugt werden kann.

Auf dem Weg zur Verbrauchsstelle geht natürlich Energie verloren und die Wege sind weit.

Nun, wie der Erdgastransport von Russland nach Westeuropa zeigt, lassen sich Gase über große Entfernungen in Pipelines transportieren – also auch Wasserstoff.

Dass diese Pipelines für einen bestimmten Druck ausgelegt sein müssen, sei hier nur kurz erwähnt.

Beim Transport von Wasserstoff ist stets zu beachten, dass Luftzutritt zur Explosion führt (Knallgaseffekt).

Soweit bekannt, ist es derzeit immer noch nur über Elektrolyse möglich, Wasser in Wasser- und Sauerstoff zu trennen. Hierzu braucht man viel Energie. Diese ist in Wüsten in Form von Sonnenlicht im Überschuss vorhanden und ist gratis, wenn die Anlagen zur Trennung des Wassers erst einmal bereitgestellt sind.

Aus dem Meer wird Wasser über Pipelines zur Photovoltaikanlage in der Wüste gepumpt. Dieses wird dort in seine Bestandteile zerlegt.

Wikipedia entnommen: **Wasserspaltung**

Bei der Wasserspaltung dient Wasser als Wasserstofflieferant.

Mit Hilfe von elektrischem Strom werden in einem Elektrolyseur aus dem Wasser der Energieträger Wasserstoff und Sauerstoff erzeugt. Bei verschiedenen chemischen Verfahren, bei denen die Elektrolyse für die Erzeugung anderer Verbindun-gen eingesetzt wird, kann Wasserstoff als Nebenpro-dukt anfallen.

Bei der Verwendung von Kohlenwasserstoffen und bei der Elektrolyse wird indirekt vor allem Sonnenenergie verwendet, da diese beispielsweise Voraussetzung zur Entstehung von Kohle, Erdöl und Erd-gas ist. Aber auch eine mehr oder weniger direkte Verwendung der Sonnenenergie ist möglich. Bei thermochemischen Verfahren zur Spaltung von Wasser in Wasserstoff sind sehr hohe Temperaturen notwendig, die zum Beispiel durch Konzentrierung der Sonnenstrahlung möglich sind. Auch biolo-gische Verfahren sind in der Entwicklung, bei denen die während der Photosynthese stattfindende Wasserspaltung zur Erzeugung von Wasserstoff genutzt werden kann.

Direkte Verwendung finden die Photonen des Sonnenlichts bei der Photokatalytischen Wasserspal-tung. Die Photonen erzeugen dabei Elektron-Loch-Paare, deren Energie direkt genutzt werden kann, um Wasser in seine Bestandteile zu zerlegen.

Dieses Verfahren ist das umweltfreundlichste. Es entstehen keine Produkte, die Kohlenstoff enthalten. Damit kann auch kein CO_2 entstehen, das den Klimawandel beschleunigt.

Was muss noch erwähnt werden?

Die in den letzten beiden Abschnitten dargestellten Verfahren zur Energiegewinnung stören das Gleichgewicht des blauen Planeten in keiner Weise, denn bei der Verbrennung von Wasserstoff entsteht wieder ebensoviel Wasser wie für die Herstellung des Energieträgers verbraucht wurde. somit kann man das Ganze als ewigen Kreislauf betrachten.

Evtl. ist es schon bald möglich, den Wasserstoff kostengünstig dort zu erzeugen, wo er gebraucht wird. Pipelines würden sich dann erübrigen.

VI.) <u>Resümee</u>

Mit den Kapiteln I.) bis V.) wurden Möglichkeiten gezeigt, wie Energie gewonnen werden kann, ohne die Umwelt zu belasten. Wenn die Energielobbyisten daran interessiert wären, könnten diese damit viel Geld machen. Anstatt als Ersatz für die gefährlichen AKW's, Kohlekraftwerke zu bauen, sollte der Bevölkerung angeboten werden, auf den Dä-chern – soweit nutzbar – Photovoltaikkollektoren zu installieren. Es wird wohl kaum Menschen geben, die sich gegen diese umweltfreundliche Investition sträuben würden. Das vorhandene Stromnetz könnte genutzt werden, den gewonnenen Strom in die vorhandenen Elektrizitätswerke zu leiten, wo er für den Elektrolysevorgang zum Wasserspalten genutzt werden könnte. Dieser könnte wiederum über die vorhandenen Gasleitungen – so sie denn dicht genug sind – zu Zeiten ohne Sonne an die Bedarfsstellen abgegeben werden. Die Lagerung des Wasserstoffes könnte auch in Tanks bei den Abnehmern erfolgen – evtl. auch in unterirdischen Straßentanks.

Es liegt an uns, ob wir die Ausbeutung unserer Erde weiterhin dulden, den Klimawandel immer noch akzeptieren und das Risiko an Krebs zu erkranken, weil Erdgasleitungen undicht sind, zu ertragen.

Viele Bürger Deutschlands wollen die geplanten Stromtrassen nicht. Sie sind eine weitere Verunstaltung der Erde und gänzlich sinnlos, da vermeidbar, so man will.

Es gibt Techniken, die sich leicht installieren lassen, eine – nach Meinung des Autors – recht einfache, soll hier noch kurz vorgestellt werden:

Der Stelzermotor

Die folgende Abbildung zeigt einen Stelzermotor, der im Internet arbeitender Weise zu finden ist. Sein Url lautet: www.stelzermotor-rv.ch

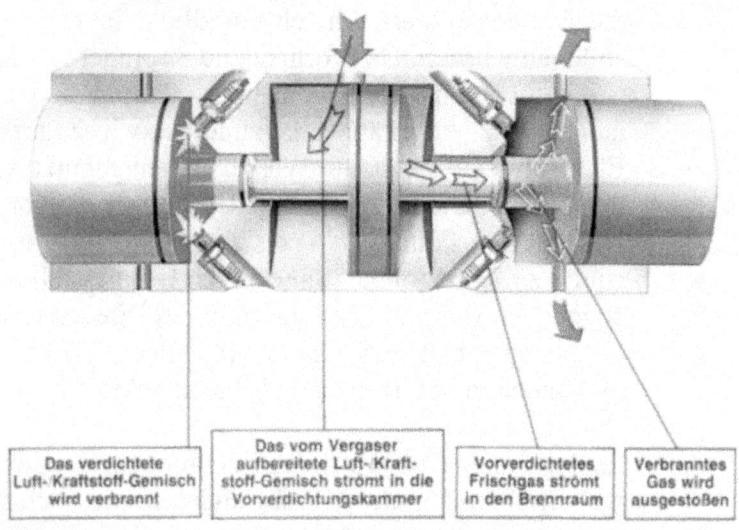

Unter obigem URL findet man, wie der Motor arbeitet und mehr zu seiner Geschichte.

Es wäre sehr interessant, ob dieser Motor nicht auch mit einem Wasserstoff-Luftgemisch betrieben werden könnte. Bei den Ausblasdüsen wäre Wasserdampf mit einer Temperatur zwischen ca. 1500° und 2750° C vorhanden, der für die Heizung eines Hauses brauchbar wäre (je mehr Luft dem Wasserstoff beigemengt wird, umso geringer die Temperatur). Die Bewegungsenergie der Kolben könnte in einem Magnetfeld zur Stromerzeugung genutzt werden. Dieser kann, wenn er nicht gebraucht wird, ins öffentliche Netz eingespeist werden. Mit dieser Technik wäre es natürlich auch möglich, ein umweltfreundliches Auto zu betreiben. Nur Wasser wäre das Endprodukt, was zum Schluss übrig bleibt!

Um diesen Motor für das Heizen nutzen zu können, wäre ein geschlossener Kreislauf, in dem aufgeheiztes Wasser befördert wird, zum 1.) Erhitzen des Brauchwassers und 2.) danach zur Nutzung im Heizkreislauf, erforderlich. Die Aufheizung des Wassers im Heizkreislauf erfolgt über die Abgasauslässe (Abgas nur Wasserdampf wenn der Motor mit Wasserstoff betrieben wird).

Nochmals – schonen wir unseren ‚Blauen Planeten' indem wir umweltbewusst Handeln. Verbrauchen wir nicht Land, um Biogas oder Biodiesel aus den auf ihm betriebenen Pflanzenanbau herzustellen. Denken wir an die, die in der Welt hungern und auf unsere Hilfe warten. Welch eine Sünde, wenn wir Ackerland nutzen, um unseren Energiebedarf zu decken und damit auch noch die Umwelt zu belasten (CO_2-Ausstoß).

Beginnen wir alles zu unternehmen, dass wir in einer gesunden Umgebung unser Leben genießen können – es geht!

Forschen wir, um leistungsfähigere Photovoltaikzellen zu entwickeln. Hier darf es keinen Stillstand geben.

Hier noch eine Alternative zum Stelzermotor:

Der Stirlingmotor in der Grundprinzipdarstellung (auch dieses Bild wurde dem Internet entnommen: Url: **www.jhk1**.de/motor/**stirling**.htm).

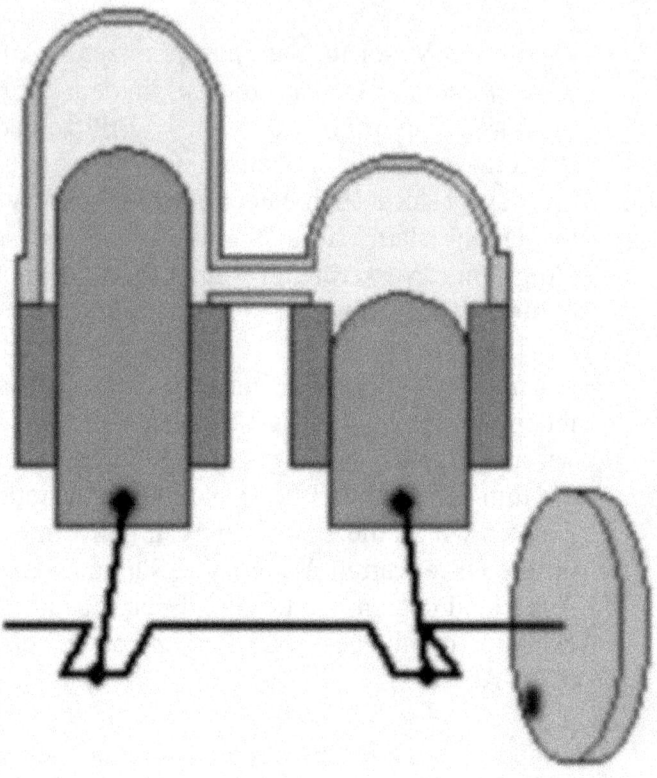

Wenn man dort mit dem Mauscursor auf das Bild geht, beginnt er zu arbeiten.

Hier eine alternative Bauweise des Motors:

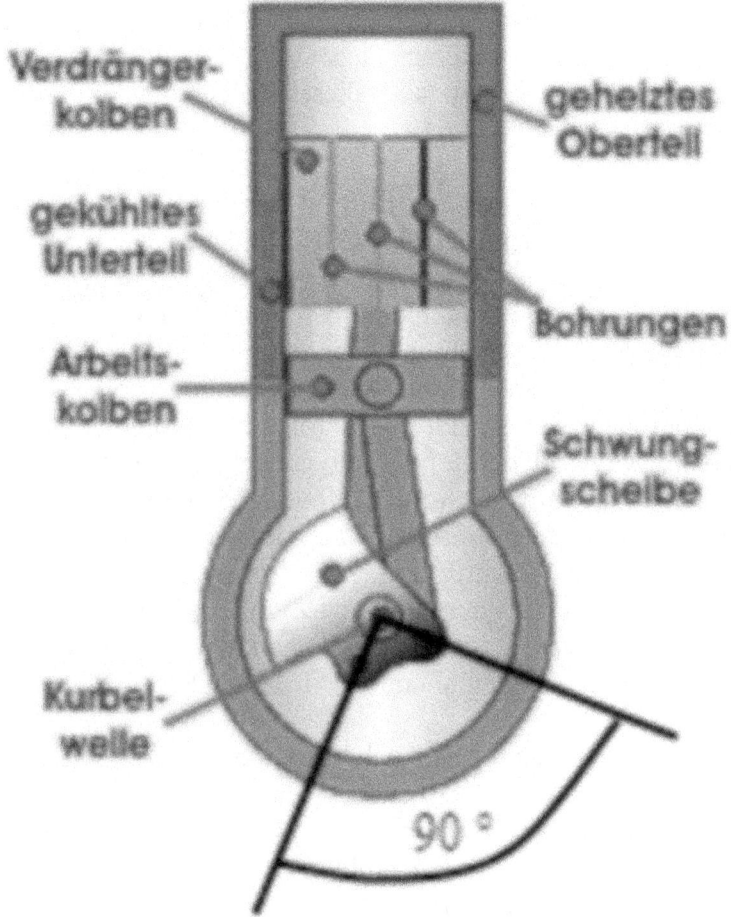

Aufbau und Wirkungsweise des Stirlingmotors

Die hier abgebildete Variante des Heißluftmotors besteht aus nur einem Zylinder, in dessen Oberteil die eingeschlossene Luft erhitzt wird. Im unteren Teil des Zylinders wird sie wieder abgekühlt. In dem Zylinder laufen ein Arbeitskolben und ein Verdrängerkolben mit einer Phasenverschiebung von 90°. Der Verdrängerkolben dient einerseits dazu, die Luft vom oberen in den unteren Teil des Zylinders oder umgekehrt zu verschieben. Dabei strömt sie durch dessen Bohrungen. Andererseits hat dieser Kolben die Aufgabe, Wärme zu speichern.

Beim Arbeitstakt wird die Luft im Oberteil des Zylinders erhitzt. Durch den ansteigenden Druck bewegt sich der Arbeitskolben nach unten. Im folgenden 1. Zwischentakt bewegt sich der Verdrängerkolben nach oben. Die Luft strömt durch ihn hindurch in den unteren Teil des Zylinders und überträgt dabei Wärme an den Verdrängerkolben wodurch sie sich abkühlt. Beim folgenden Kompressionstakt bewegt sich der Arbeitskolben nach oben und komprimiert so die Luft im unteren Teil des Zylinders. Die dadurch entstehende Wärme wird an den Kühlmantel abgegeben. Schließlich drückt im 2. Zwischentakt der Verdrängerkolben die Luft in den oberen Zylinderteil. Beim Durchströmen nimmt sie die im Verdrängerkolben gespeicherte Wärme auf. Nun beginnt der Zyklus erneut.

Die 2 letzten Seiten sind auch wieder aus dem Internet.

Durch die Schwungscheibe wird erreicht, dass der Arbeitskolben immer nur so stehen bleibt, dass das Luftvolumen einen möglichst kleinen Raum einnimmt. Jedoch sollte die Verbindung Schwungscheibe – Arbeitskolben zur Vermeidung eines Zwanges beim Anlaufen niemals vertikal sein. Letzteres wird durch die nicht symmetrische Ausbildung der Schwungscheibe erreicht.

Zum Verständnis: Die Bewegung des Arbeitskolbens wird durch das unterschiedlich große Luftvolumen hervorgerufen - je nach dem, ob kalte oder warme Luft vorhanden ist. Kalte Luft braucht weniger Volumen als warme.

Kurz noch einige Worte zur Beizung und zur Kühlung:

Beheizen könnte man den oberen Teil mit einem Wasserstoff-Luftgemisch in einem übergestülpten Zylinder, der das zu beheizende Oberteil umschließt.

Kühlen könnte man das zu kühlende Unterteil mit einer Kühlschlange aus Halbrohr um voriges. Über diese wird das Wasserstoffgas zugeführt. Beim Ansaugen des letzteren entsteht durch die Entspannung Kälte, die für die Kühlung genutzt werden kann.

Die Abgase – nur wieder Wasserdampf - könnten zum Heizen verwendet werden und die Bewegungsenergie der Kurbelwelle zur Stromerzeugung.

Um das ganze wirtschaftlich zu regeln, wären elektronische Steuerungen nötig – die Auslegung hierfür ist Aufgabe von Heizungsingenieuren.

Vergleicht man die beiden Motoren hinsichtlich der Wirkungsgrade, so findet man für den Stelzermotor 80%, während jener für den Stirlingmotor mit unter 50% angegeben wird.

Dies liegt wohl an der unterschiedlichen Art der Energiezufuhr. Beim Stelzermotor wird das Luft-Gas-Gemisch im Zylinder direkt gezündet, im Gegensatz dazu muss beim Stirlingmotor ein gekühltes Arbeitsgas von außerhalb auf Temperatur gebracht werden (beheizter Zylinder).

Nun zum Schluss der Energieproblematik ist festzustellen, dass mit den heute vorhandenen Techniken in kürzester Zeit ein umfassender Klimaschutz ohne CO_2-Ausstoß möglich wäre, wenn die Energieversorger dies wollten und bürokratische Hindernisse beseitigt würden.

www.ingramcontent.com/pod-product-compliance
Lightning Source LLC
Chambersburg PA
CBHW051824170526
45167CB00005B/2153